L'histoire de l'évolution du marché automobile en France et dans le monde

Introduction : Depuis son invention au XIXe siècle, l'automobile a connu une croissance rapide pour devenir l'un des moyens de transport les plus courants dans le monde. Le marché automobile a subi de nombreux changements, allant de la conception et la fabrication de voitures plus sûres et plus efficaces aux tendances de consommation changeantes. Ce livre retrace l'histoire de l'évolution du marché automobile en France et dans le monde.

Chapitre 1 : Les premiers pas de l'automobile en France.

L'histoire de l'automobile en France remonte à la fin du XIXe siècle, lorsque les premières voitures ont été introduites dans le pays. Dans ce chapitre, nous allons examiner les premiers pas de l'automobile en France et les développements qui ont conduit à l'émergence d'une industrie automobile florissante.

1. Les débuts de l'automobile en France

Les débuts de l'automobile en France remontent à la fin du XIXe siècle, à une époque où l'industrie automobile était encore balbutiante. Les premières voitures étaient souvent des véhicules de luxe destinés à une clientèle aisée, et leur production était encore limitée.

En 1889, la première exposition universelle de Paris a présenté plusieurs prototypes de voitures à essence, dont certaines ont été conçues et fabriquées par des ingénieurs français tels que De Dion-Bouton, Panhard et Levassor. La même année, le premier accident de voiture en France a également eu lieu, soulignant les dangers potentiels de la nouvelle technologie.

Au début du XXe siècle, les constructeurs automobiles français ont commencé à produire des voitures plus abordables pour un marché plus large. En 1901, Renault a lancé sa première voiture, la Type A, qui a été produite en série à partir de 1905. D'autres constructeurs, tels que Peugeot et Citroën, ont également commencé à produire des voitures de tourisme à des prix abordables.

Cependant, la production automobile en France a été perturbée par la Première Guerre mondiale, qui a entraîné une interruption de la production et une réorientation vers la production de matériel militaire. Après la guerre, la production de voitures a repris, et les constructeurs ont continué à innover et à produire des modèles de plus en plus avancés.

Au cours des années 1920, l'industrie automobile française a connu une croissance rapide. Les constructeurs français ont adopté des méthodes de production en série innovantes, telles que la chaîne de montage, qui ont permis de produire des voitures en plus grande quantité et à des prix plus abordables. Les constructeurs ont également commencé à s'engager dans des compétitions de voitures, telles que les 24 heures du Mans, pour démontrer la performance de leurs véhicules.

En conclusion, les débuts de l'automobile en France ont été marqués par des pionniers qui ont exploré une technologie nouvelle et prometteuse. Au fil du temps, l'industrie automobile française a évolué pour devenir l'un des piliers de l'économie du pays et un acteur majeur de l'industrie automobile mondiale

2. Les pionniers de l'industrie automobile française

Les pionniers de l'industrie automobile française sont des figures marquantes de l'histoire de l'automobile en France. Ces ingénieurs et constructeurs ont été à l'origine des premières avancées technologiques qui ont permis de concevoir et de fabriquer les premières voitures à essence.

Parmi les pionniers de l'industrie automobile française, on peut citer :

- Armand Peugeot : fondateur de la marque Peugeot en 1891, il a commencé par produire des bicyclettes avant de se lancer dans la production de voitures. Peugeot a été l'un des premiers constructeurs à adopter la chaîne de montage pour produire en série des voitures abordables pour le grand public.

- Louis Renault : fondateur de la marque Renault en 1899, il a commencé par produire des voitures de luxe avant de se concentrer sur la production de voitures plus abordables. Renault a été un pionnier de la production en série, en utilisant des méthodes de production efficaces pour produire des voitures en grande quantité.

- André Citroën : fondateur de la marque Citroën en 1919, il a été un précurseur de l'utilisation de la publicité pour promouvoir les voitures et de la recherche en matière d'aérodynamisme pour améliorer les performances des voitures. Citroën a également été l'un des premiers constructeurs à utiliser des pneus en caoutchouc pleins plutôt que des pneus à chambre à air.

- Ferdinand Porsche : d'origine allemande, il a travaillé pour plusieurs constructeurs français, notamment De Dion-Bouton et Darracq, avant de fonder sa propre entreprise en Allemagne. Porsche a été l'un des ingénieurs les plus influents de l'histoire de l'automobile, ayant conçu de nombreuses voitures emblématiques, telles que la Volkswagen Coccinelle et la Porsche 911.

Ces pionniers de l'industrie automobile française ont jeté les bases d'une industrie florissante, qui a contribué à la modernisation de l'économie française et à la diffusion de la voiture comme moyen de transport courant. Ils ont également inspiré des générations d'ingénieurs et de constructeurs, qui ont continué à innover et à améliorer les voitures au fil des ans.

3. L'impact de la Première Guerre mondiale

La Première Guerre mondiale a eu un impact significatif sur l'industrie automobile française. Avant la guerre, l'industrie automobile française était en plein essor, avec une croissance rapide de la production et des ventes de voitures. Cependant, la guerre a entraîné une interruption de la production de voitures, les usines étant converties pour produire des armes et des munitions.

Pendant la guerre, l'industrie automobile française a également été touchée par la pénurie de matières premières, en particulier l'acier et le caoutchouc. Les constructeurs ont dû s'adapter en utilisant des matériaux alternatifs, tels que l'aluminium et la toile, pour produire des voitures légères.

Après la fin de la guerre, l'industrie automobile française a repris sa croissance, mais elle a dû faire face à de nouveaux défis. Les coûts de production ont augmenté en raison de la pénurie de matières premières et de l'inflation, tandis que la demande pour les voitures était incertaine. Les constructeurs ont dû s'adapter en proposant des voitures plus abordables et en utilisant des méthodes de production plus efficaces pour réduire les coûts.

La Première Guerre mondiale a également eu un impact sur l'image de la voiture en France. Pendant la guerre, les voitures ont été utilisées à des fins militaires, ce qui a contribué à renforcer leur image de puissance et de modernité. Cependant, l'utilisation de la voiture à des fins militaires a également souligné ses aspects négatifs, tels que la pollution, le bruit et la dangerosité. Cela a conduit à un débat public sur les avantages et les inconvénients de la voiture en tant que moyen de transport.

La Première Guerre mondiale a eu un impact significatif sur l'industrie automobile française, en interrompant la production de voitures et en mettant à l'épreuve les capacités d'adaptation des constructeurs. Elle a également contribué à façonner l'image de la voiture en France, en soulignant ses aspects positifs et négatifs.

Après la guerre, l'industrie automobile française a connu une croissance rapide. Les constructeurs ont introduit de nouveaux modèles de voitures pour répondre à la demande croissante des consommateurs et améliorer leur compétitivité sur le marché mondial. Cela a également contribué à renforcer l'image de la voiture en tant que symbole de modernité et de liberté.

Cependant, cette croissance a été interrompue par la Grande Dépression des années 1930. Les ventes de voitures ont chuté en raison de la crise économique, ce qui a poussé les constructeurs à réduire la production et les effectifs. Cela a conduit à une période de consolidation dans l'industrie automobile française, avec des fusions et des acquisitions visant à réduire les coûts et à améliorer l'efficacité.

Malgré ces défis, l'industrie automobile française a continué à innover et à se développer dans les années 1930. Des constructeurs tels que Peugeot, Citroën et Renault ont introduit des voitures innovantes, telles que la Peugeot 402, la Citroën Traction Avant et la Renault Juvaquatre, qui ont contribué à renforcer leur position sur le marché.

L'industrie automobile française a également joué un rôle important dans l'histoire de la course automobile. Des événements tels que les 24 heures du Mans et le Grand Prix de France ont attiré l'attention internationale sur les constructeurs français et ont contribué à renforcer leur réputation en tant que pionniers de l'industrie automobile.

Les années 1930 ont été une période mouvementée pour l'industrie automobile française, avec des défis économiques et des périodes de consolidation, mais également des innovations et des réussites dans la conception et la production de voitures. Cette période a contribué à renforcer la position des constructeurs français sur le marché mondial et à renforcer leur réputation en tant que leaders de l'industrie automobile.

4. Les années 1930 et la montée en puissance de l'industrie automobile française

Les années 1930 ont vu la montée en puissance de l'industrie automobile française, malgré la Grande Dépression qui a touché le monde entier. Les constructeurs automobiles français ont continué à innover et à développer de nouveaux modèles de voitures pour répondre à la demande des consommateurs et rester compétitifs sur le marché mondial.

L'une des innovations les plus importantes de cette période a été l'introduction de la suspension indépendante, qui a amélioré la qualité de conduite et la tenue de route des voitures. Citroën a été le premier constructeur à utiliser la suspension indépendante sur la Citroën Traction Avant, lancée en 1934. Cette voiture est devenue rapidement très populaire en France et à l'étranger, et a été considérée comme un symbole de modernité et d'innovation.

De nombreux autres constructeurs français ont également introduit des modèles de voitures populaires dans les années 1930. Peugeot a lancé la 402 en 1935, une voiture de taille moyenne qui offrait un confort et une conduite de qualité supérieure. Renault a lancé la Juvaquatre en 1937, une voiture compacte qui est devenue très populaire auprès des conducteurs français en raison de son prix abordable et de sa polyvalence.

Les années 1930 ont également vu l'émergence d'un certain nombre de petites entreprises de voitures de sport en France, telles que Amilcar, Delahaye et Talbot. Ces constructeurs ont produit des voitures de sport élégantes et rapides qui ont remporté des succès en compétition automobile, notamment aux 24 heures du Mans.

En outre, l'industrie automobile française a continué à jouer un rôle important dans la compétition automobile internationale. En 1938, la France a accueilli le Grand Prix de l'Exposition Universelle de Paris, qui a été remporté par le pilote allemand Rudolf Caracciola au volant d'une Mercedes-Benz. Cependant, les constructeurs français ont continué à concourir et à remporter des victoires dans d'autres compétitions automobiles, notamment aux 24 heures du Mans.

Les années 1930 ont été une période de croissance et d'innovation pour l'industrie automobile française, malgré les défis économiques de la Grande Dépression. Les constructeurs ont introduit des voitures innovantes qui ont renforcé leur position sur le marché mondial et ont contribué à renforcer l'image de la voiture en tant que symbole de modernité et de liberté. L'industrie automobile française a également continué à jouer un rôle important dans la compétition automobile internationale, démontrant son excellence en matière d'ingénierie et de conception de voitures de course.

Cependant, la montée en puissance de l'industrie automobile française dans les années 1930 a été interrompue par le déclenchement de la Seconde Guerre mondiale en 1939. Pendant la guerre, la production automobile a été interrompue en France, les usines étant réquisitionnées pour produire des équipements militaires.

Après la guerre, l'industrie automobile française a repris lentement sa production. Les constructeurs ont dû reconstruire leurs usines et leurs réseaux de distribution, et la demande de voitures a augmenté en France et dans le monde entier à mesure que l'économie se redressait.

Cependant, les années qui ont suivi la guerre ont également été marquées par des changements importants dans l'industrie automobile. Les constructeurs américains et japonais ont commencé à exporter des voitures moins chères et plus grandes sur le marché européen, ce qui a mis en péril la position des constructeurs automobiles français. Les constructeurs français ont également dû faire face à une concurrence accrue de la part de constructeurs européens tels que Volkswagen, qui ont réussi à produire des voitures économiques et de qualité supérieure à des prix compétitifs.

En réponse à ces défis, les constructeurs automobiles français ont dû se concentrer sur l'innovation et la diversification de leurs gammes de produits. Par exemple, Citroën a lancé la 2CV en 1948, une voiture économique et légère qui est devenue très populaire en France et dans d'autres pays européens. Peugeot a également lancé la 203 en 1948, une voiture de taille moyenne qui offrait un confort et une performance supérieurs à un prix compétitif.

Au fil des ans, les constructeurs automobiles français ont continué à innover et à produire des voitures de qualité supérieure qui ont attiré l'attention des consommateurs du monde entier. Aujourd'hui, l'industrie automobile française est toujours un acteur majeur du marché mondial, avec des constructeurs tels que Renault, PSA Peugeot Citroën et Bugatti qui produisent des voitures de haute qualité et de renommée mondiale.

5. L'impact de la Seconde Guerre mondiale

La Seconde Guerre mondiale a eu un impact significatif sur l'industrie automobile française. Pendant la guerre, les usines automobiles françaises ont été réquisitionnées par les forces d'occupation allemandes pour produire des équipements militaires, tels que des moteurs d'avions et des camions.

Après la guerre, l'industrie automobile française a été confrontée à des défis considérables. Les usines automobiles avaient été gravement endommagées par les bombardements alliés, et de nombreuses matières premières et composants nécessaires à la production automobile étaient rares.

De plus, la demande de voitures avait considérablement diminué pendant la guerre, et les consommateurs étaient désormais plus préoccupés par la reconstruction de leurs foyers et de leurs communautés que par l'achat d'une nouvelle voiture.

Malgré ces défis, l'industrie automobile française a lentement redémarré dans les années qui ont suivi la guerre. Les usines ont été reconstruites, les matières premières et les composants nécessaires à la production ont été récupérés, et la demande de voitures a augmenté à mesure que l'économie européenne se redressait.

Cependant, la guerre a eu des conséquences plus profondes pour l'industrie automobile française. La collaboration de certains dirigeants de l'industrie automobile française avec les forces d'occupation allemandes a entaché l'image de l'industrie et a suscité une méfiance parmi les consommateurs.

De plus, la guerre a déclenché un processus de rationalisation de l'industrie automobile française, qui a conduit à une concentration de la production et à une réduction du nombre de petits constructeurs indépendants. Cette tendance s'est poursuivie dans les années qui ont suivi la guerre, avec la fusion de grands constructeurs tels que Simca, Peugeot et Citroën.

En fin de compte, l'impact de la Seconde Guerre mondiale sur l'industrie automobile française a été profond et durable, et a contribué à façonner l'industrie telle que nous la connaissons aujourd'hui.

Chapitre 2 : L'essor de l'automobile en France

Dans ce chapitre, nous allons nous concentrer sur l'essor de l'industrie automobile en France, depuis les années 1950 jusqu'à nos jours. Nous allons examiner comment l'industrie a évolué au fil du temps, les modèles emblématiques qui ont été créés et les raisons qui ont conduit à l'émergence d'une industrie automobile française prospère.

1. Les années 1950 et 1960 : l'ère des voitures familiales

Les années 1950 et 1960 ont été marquées par une forte croissance économique en France, accompagnée d'une hausse du pouvoir d'achat des ménages. Cela a stimulé la demande pour des voitures familiales plus spacieuses et plus confortables.

Les constructeurs automobiles français ont répondu à cette demande en introduisant de nouveaux modèles qui ont rapidement connu un grand succès. La Citroën DS, lancée en 1955, a été l'une des voitures les plus emblématiques de cette période. Elle était équipée d'un système de suspension hydropneumatique qui lui donnait une conduite douce et confortable, et son design futuriste a rapidement captivé l'imagination du public.

La Renault 4CV, lancée en 1947, a également été un succès commercial dans les années 1950 et 1960. C'était une petite voiture économique et facile à conduire, qui était populaire auprès des familles et des jeunes conducteurs.

Peugeot a également introduit des voitures familiales populaires telles que la 403 et la 404, qui ont été produites dans les années 1950 et 1960. Ces voitures étaient spacieuses et confortables, avec des designs élégants qui ont séduit de nombreux acheteurs.

Les années 1950 et 1960 ont également vu l'introduction de la Simca Aronde, une voiture compacte et économique qui est rapidement devenue l'une des voitures les plus populaires en France. La Simca Aronde était disponible en plusieurs modèles différents, y compris une version break qui était idéale pour les familles.

Les années 1950 et 1960 ont été marquées par l'introduction de voitures familiales populaires et économiques, qui ont contribué à stimuler la demande pour l'industrie automobile française. Ces voitures ont également contribué à changer la façon dont les gens se déplacent, en offrant plus de confort et de commodité pour les familles.

2. Les années 1970 et 1980 : la montée en puissance des voitures compactes

Au cours des années 1970 et 1980, l'industrie automobile française a connu une évolution significative avec l'introduction de voitures compactes et économiques.

En 1972, la Citroën GS a été introduite, offrant une nouvelle conception de suspension hydropneumatique et une faible consommation de carburant, devenant rapidement l'une des voitures les plus populaires en France. Peugeot a également lancé la Peugeot 205 en 1983, qui a été un énorme succès commercial pour la société. Cette petite voiture compacte et élégante était idéale pour les conducteurs urbains, offrant une conduite agile et économique.

Renault a également introduit plusieurs voitures compactes populaires, notamment la Renault 5 en 1972, qui est rapidement devenue l'un des modèles les plus vendus en France. La Renault 5 a été suivie par la Renault Super cinq en 1984, qui offrait des performances améliorées et une économie de carburant encore plus grande.

Ces voitures compactes ont été très populaires auprès des conducteurs français, car elles étaient économiques, offraient une bonne maniabilité en ville, et étaient plus faciles à garer que les voitures plus grandes.

Au cours des années 1970 et 1980, la demande pour des voitures plus respectueuses de l'environnement a également augmenté, avec des normes plus strictes en matière d'émissions et de consommation de carburant. Les constructeurs automobiles français ont répondu à cette demande en introduisant de nouveaux modèles plus économes en carburant, tels que la Renault Super cinq et la Citroën AX.

Les années 1970 et 1980 ont été marquées par la montée en puissance des voitures compactes, qui étaient économiques, faciles à conduire en ville et plus respectueuses de l'environnement. Ces voitures ont également permis à l'industrie automobile française de s'adapter à un marché en évolution et de répondre aux nouvelles demandes des consommateurs.

3. Les années 1990 et 2000 : la mondialisation de l'industrie automobile

Au cours des années 1990 et 2000, l'industrie automobile française a connu une transformation majeure avec la mondialisation du marché automobile.

Les constructeurs automobiles français ont commencé à se concentrer sur l'exportation de leurs véhicules à l'étranger, avec une augmentation des ventes en Europe, en Amérique du Nord, en Asie et dans d'autres régions du monde. Renault a acquis des parts dans des sociétés automobiles à l'étranger, notamment Dacia en Roumanie et Samsung Motors en Corée du Sud.

La mondialisation a également entraîné une concurrence accrue avec les constructeurs automobiles étrangers, ce qui a poussé les constructeurs français à investir dans la recherche et le développement pour rester compétitifs. Par exemple, Peugeot a lancé la 206 en 1998, qui a été conçue pour être vendue dans le monde entier.

L'industrie automobile française a également été touchée par les normes environnementales de plus en plus strictes, qui ont encouragé les constructeurs à développer des véhicules plus respectueux de l'environnement. En 1997, la loi française sur l'air et l'utilisation rationnelle de l'énergie a été adoptée, incitant les constructeurs automobiles à produire des voitures plus propres et plus économes en carburant.

L'industrie automobile française a également connu une consolidation au cours de cette période, avec des fusions et des acquisitions entre des constructeurs automobiles, tels que la fusion entre Peugeot et Citroën en 1976 pour former le groupe PSA Peugeot Citroën.

Enfin, les années 1990 et 2000 ont également vu l'introduction de nouvelles technologies dans l'industrie automobile, telles que l'utilisation de l'électronique pour contrôler les systèmes de sécurité, de navigation et de divertissement à bord des véhicules.

Les années 1990 et 2000 ont été marquées par la mondialisation de l'industrie automobile française, avec une augmentation des exportations et une concurrence accrue avec les constructeurs automobiles étrangers. La consolidation de l'industrie, l'introduction de normes environnementales strictes et l'innovation technologique ont également été des facteurs clés de cette période de transformation

4. L'innovation technologique et l'émergence des voitures électriques

Au cours des dernières années, l'industrie automobile a connu une transformation majeure en matière de technologie et d'innovation. L'émergence de nouveaux modes de transport plus respectueux de l'environnement a incité les constructeurs automobiles à développer des voitures électriques et des technologies de conduite autonome.

Les voitures électriques ont commencé à apparaître sur le marché dans les années 2000, mais leur adoption a été lente en raison de coûts élevés et de problèmes de fiabilité. Cependant, au cours des dernières années, les avancées technologiques ont permis de réduire les coûts de fabrication et d'améliorer la fiabilité, ce qui a stimulé la demande pour les voitures électriques. Les gouvernements du monde entier ont également mis en place des politiques pour encourager l'adoption des voitures électriques en offrant des incitations financières et en développant des infrastructures de recharge.

En plus des voitures électriques, les constructeurs automobiles ont également investi dans des technologies de conduite autonome. Ces technologies utilisent des capteurs, des caméras et des logiciels pour permettre aux voitures de se conduire elles-mêmes, sans intervention humaine. Bien que les technologies de conduite autonome soient encore en développement, leur adoption devrait croître à mesure que les constructeurs automobiles continuent de les perfectionner.

En outre, les constructeurs automobiles ont également travaillé à améliorer les moteurs à combustion interne en les rendant plus efficaces et moins polluants. De nouvelles technologies telles que la technologie hybride et la technologie de carburant à cellule hydrogène ont été développées pour améliorer l'efficacité énergétique et réduire les émissions de gaz à effet de serre.

Les années 2010 ont vu l'innovation technologique prendre une place de plus en plus importante dans l'industrie automobile, notamment avec l'émergence des voitures électriques. Les avancées technologiques ont permis de développer des véhicules plus respectueux de l'environnement, avec une réduction des émissions de gaz à effet de serre.

La Tesla Model S, lancée en 2012, a été l'un des premiers véhicules électriques grand public à connaître un grand succès. La Model S a été suivie par la Model X, un SUV électrique lancé en 2015, et la Model 3, une berline électrique plus abordable lancée en 2017. Depuis lors, d'autres constructeurs automobiles ont également lancé des modèles de voitures électriques, tels que la Nissan Leaf, la BMW i3 et la Chevrolet Bolt.

Les voitures électriques ne sont pas les seules innovations technologiques à avoir émergé au cours de la dernière décennie. Les voitures autonomes, ou véhicules capables de se conduire sans l'intervention humaine, ont également commencé à être développées. Des entreprises telles que Google, Tesla et Uber ont investi massivement dans la recherche et le développement de voitures autonomes. Bien que les voitures autonomes soient encore en phase de test, elles pourraient à l'avenir révolutionner la façon dont nous utilisons les véhicules et réduire considérablement le nombre d'accidents de la route.

En outre, les systèmes d'assistance à la conduite, tels que le freinage automatique d'urgence, le régulateur de vitesse adaptatif et l'aide au maintien de voie, sont devenus de plus en plus courants sur les voitures modernes. Ces systèmes contribuent à améliorer la sécurité routière en aidant les conducteurs à éviter les collisions et à rester en sécurité sur la route.

Enfin, l'industrie automobile a également connu des avancées dans le domaine de la connectivité et de la technologie embarquée. Les voitures modernes sont souvent équipées de systèmes d'info-divertissement avancés, qui permettent aux conducteurs de contrôler la musique, la navigation et d'autres fonctions à l'aide d'un écran tactile ou de commandes vocales. Les voitures peuvent également être connectées à Internet, ce qui permet aux conducteurs de recevoir des mises à jour de trafic en temps réel, des prévisions météorologiques et d'autres informations utiles.

L'innovation technologique a eu un impact majeur sur l'industrie automobile au cours des dernières années. Les voitures électriques, les voitures autonomes et les systèmes d'assistance à la conduite ont tous le potentiel de changer radicalement la façon dont nous utilisons les véhicules.

5. Les défis de l'industrie automobile française

Malgré le succès de l'industrie automobile française, elle est confrontée à des défis importants, tels que la concurrence mondiale, les préoccupations environnementales et les évolutions réglementaires. Les entreprises doivent s'adapter à ces nouveaux défis pour rester compétitives et continuer à prospérer.

L'industrie automobile française a connu une croissance rapide depuis les années 1950, avec la production de voitures familiales abordables, des modèles compacts et des voitures plus haut de gamme pour les marchés internationaux. L'innovation technologique, y compris les voitures électriques et les technologies de conduite autonome, continue d'être un domaine de développement important. Néanmoins, l'industrie doit continuer à s'adapter pour faire face aux nouveaux défis et assurer sa pérennité à long terme.

Chapitre 3 : La mondialisation du marché automobile

Dans ce chapitre, nous allons nous intéresser à la mondialisation du marché automobile. Nous allons examiner comment les constructeurs automobiles se sont développés à l'échelle mondiale et comment la mondialisation a affecté l'industrie automobile dans différents pays.

1. La mondialisation du marché automobile

Le marché automobile a connu une profonde transformation au cours des dernières décennies, avec l'émergence de la mondialisation et la croissance rapide des économies émergentes, comme la Chine et l'Inde. Cette évolution a eu un impact significatif sur l'industrie automobile en France, qui a dû s'adapter à un environnement de plus en plus concurrentiel.

La mondialisation a permis aux constructeurs automobiles de bénéficier d'une croissance rapide en se développant sur de nouveaux marchés, notamment en Asie et en Amérique latine. Cependant, cela a également entraîné une intensification de la concurrence, avec l'arrivée de nouveaux acteurs tels que les constructeurs chinois, qui cherchent à conquérir des parts de marché dans le monde entier.

Les constructeurs français ont dû s'adapter pour répondre à cette concurrence croissante, en développant des partenariats avec des constructeurs étrangers et en élargissant leur présence sur les marchés émergents. Par exemple, Renault a créé une alliance avec Nissan en 1999, qui a permis aux deux constructeurs de se développer sur les marchés émergents.

La mondialisation a également eu un impact sur les chaînes d'approvisionnement et de production, avec une augmentation de l'externalisation et de la délocalisation de la production de composants et de véhicules complets. Cela a créé des défis pour les travailleurs de l'industrie automobile en France, qui ont vu leurs emplois menacés par la concurrence des pays à bas coûts.

Enfin, la mondialisation a entraîné une harmonisation des normes et des réglementations automobiles à l'échelle internationale, ce qui a favorisé la création de normes environnementales et de sécurité plus strictes. Les constructeurs français ont dû s'adapter à ces normes, en développant des technologies plus propres et en investissant dans la recherche et le développement pour répondre aux attentes des consommateurs.

La mondialisation du marché automobile a eu un impact significatif sur l'industrie automobile en France, en créant des défis et des opportunités pour les constructeurs français. Les constructeurs ont dû s'adapter à une concurrence accrue et à une évolution des normes et des réglementations, tout en cherchant à se développer sur les marchés émergents pour maintenir leur compétitivité à long terme.

2. Les effets de la mondialisation sur les constructeurs automobiles

La mondialisation a eu des effets majeurs sur l'industrie automobile et les constructeurs automobiles en particulier. Tout d'abord, la concurrence accrue a obligé les constructeurs à se concentrer sur la qualité et l'efficacité de leur production afin de rester compétitifs. Cela a entraîné une réduction des coûts, une amélioration de la qualité et une augmentation de l'efficacité dans les processus de production.

En outre, la mondialisation a entraîné une augmentation de la coopération entre les constructeurs automobiles et les fournisseurs dans différents pays, ce qui a conduit à une spécialisation croissante des entreprises. Ainsi, les constructeurs se concentrent davantage sur la conception et le marketing des voitures, tandis que les fournisseurs se concentrent sur la production de composants spécifiques.

La mondialisation a également conduit à une augmentation des fusions et acquisitions entre les constructeurs automobiles, avec des entreprises cherchant à élargir leur portefeuille de marques, de technologies et de parts de marché. Par exemple, en 1998, Daimler-Benz et Chrysler ont fusionné pour former DaimlerChrysler, mais la fusion n'a pas été couronnée de succès et a été annulée en 2007.

Enfin, la mondialisation a conduit à une augmentation de la production et de la vente de voitures dans les pays en développement, ce qui a créé de nouveaux marchés pour les constructeurs automobiles. Cela a également entraîné une augmentation de la concurrence entre les constructeurs pour conquérir ces nouveaux marchés, ce qui a stimulé l'innovation et la croissance dans l'industrie automobile.

Cependant, la mondialisation a également créé de nouveaux défis pour les constructeurs automobiles. Par exemple, les constructeurs doivent maintenant s'adapter aux exigences réglementaires différentes dans les pays où ils opèrent, ce qui peut être coûteux et compliqué.

De plus, la mondialisation a également créé de nouveaux défis en matière de logistique et de gestion de la chaîne d'approvisionnement. Les constructeurs automobiles doivent maintenant gérer des chaînes d'approvisionnement complexes impliquant des fournisseurs dans différents pays, ce qui peut entraîner des retards de production et une augmentation des coûts.

Enfin, la mondialisation a également créé des défis en matière de gestion des ressources humaines. Les constructeurs automobiles doivent maintenant gérer des équipes multinationales, ce qui peut entraîner des défis de communication et de culture d'entreprise.

La mondialisation a eu un impact significatif sur l'industrie automobile et les constructeurs automobiles. Bien qu'elle ait créé de nouvelles opportunités de marché, elle a également créé de nouveaux défis en matière de réglementation, de logistique, de gestion de la chaîne d'approvisionnement et de gestion des ressources humaines. Les constructeurs automobiles doivent maintenant s'adapter à ces nouveaux défis pour rester compétitifs dans un marché mondial en évolution rapide.

3. Les effets de la mondialisation sur les travailleurs et les économies locales

La mondialisation a également eu des effets significatifs sur les travailleurs et les économies locales dans les régions où se trouvent les usines des constructeurs automobiles. Alors que les constructeurs automobiles ont cherché à réduire les coûts de production en déplaçant la production vers des régions où les coûts de main-d'œuvre sont moins élevés, cela a souvent eu un impact négatif sur les travailleurs locaux.

Dans de nombreux cas, les constructeurs automobiles ont fermé des usines dans des régions où les coûts de production sont plus élevés, comme l'Europe ou l'Amérique du Nord, et ont déplacé la production vers des régions où les coûts de main-d'œuvre sont moins élevés, comme l'Asie ou l'Amérique latine. Cela a souvent entraîné des pertes d'emplois pour les travailleurs locaux et des conséquences économiques négatives pour les communautés locales.

De plus, la mondialisation a également entraîné une concurrence accrue entre les travailleurs des différents pays, car les constructeurs automobiles peuvent facilement délocaliser la production vers des régions où les coûts de main-d'œuvre sont moins élevés. Cela a souvent entraîné une pression à la baisse sur les salaires des travailleurs locaux et une augmentation de la précarité de l'emploi.

La mondialisation a eu un impact significatif sur les travailleurs et les économies locales dans les régions où se trouvent les usines des constructeurs automobiles. Bien que la mondialisation ait créé de nouvelles opportunités de marché, elle a également entraîné des pertes d'emplois pour les travailleurs locaux et des conséquences économiques négatives pour les communautés locales. Les gouvernements et les constructeurs automobiles doivent travailler ensemble pour trouver des solutions qui permettent de maximiser les avantages de la mondialisation tout en minimisant les conséquences négatives pour les travailleurs et les économies locales.

Les effets de la mondialisation sur les travailleurs et les économies locales ont été complexes et variés. D'une part, la mondialisation a créé de nouveaux emplois dans les pays en développement, où les constructeurs automobiles ont établi des usines pour bénéficier d'une main-d'œuvre bon marché. Cela a permis à ces pays de se développer rapidement sur le plan économique et d'attirer des investissements étrangers.

D'autre part, la mondialisation a également eu des effets négatifs sur les économies locales des pays développés. Les usines de fabrication ont été délocalisées vers des pays où les coûts de main-d'œuvre étaient moins élevés, entraînant la perte d'emplois dans les pays d'origine. Les travailleurs de l'industrie automobile ont été touchés par la concurrence mondiale, qui a mis une pression accrue sur les salaires et les avantages sociaux.

Cela a eu des conséquences négatives sur les communautés locales, où l'industrie automobile était souvent une source majeure d'emplois et de revenus. La perte de ces emplois a entraîné une diminution du niveau de vie et une augmentation du chômage. Les gouvernements ont tenté de remédier à cette situation en offrant des incitations fiscales et des subventions pour encourager les investissements dans l'industrie automobile locale.

Dans l'ensemble, la mondialisation de l'industrie automobile a eu des effets mitigés sur les travailleurs et les économies locales. Bien que cela ait créé de nouveaux emplois dans les pays en développement, cela a également entraîné une perte d'emplois dans les pays développés. Les gouvernements ont cherché à atténuer ces effets négatifs en offrant des incitations fiscales et des subventions, mais il reste à voir si cela sera suffisant pour protéger les travailleurs et les communautés locales.

Les travailleurs de l'industrie automobile ont également vu leur situation se détériorer avec la mondialisation. Les entreprises ont souvent cherché à réduire les coûts en externalisant des tâches ou en délocalisant des usines dans des pays où la main-d'œuvre est moins chère. Cela a entraîné des pertes d'emplois dans les pays d'origine, en particulier dans les régions qui dépendaient fortement de l'industrie automobile.

Cependant, la mondialisation a également apporté des avantages aux travailleurs de l'industrie automobile. Les constructeurs automobiles ont cherché à augmenter leur efficacité et leur compétitivité en investissant dans la recherche et le développement de technologies innovantes, telles que les voitures électriques et autonomes. Cela a créé de nouveaux emplois dans des domaines tels que la conception de logiciels, la fabrication de batteries et la construction de véhicules électriques.

En outre, la mondialisation a également permis aux travailleurs de l'industrie automobile d'avoir accès à de nouveaux marchés, offrant ainsi de nouvelles opportunités d'emploi. Les constructeurs automobiles ont cherché à s'implanter dans des pays en développement où la demande de véhicules est en croissance, créant ainsi des emplois localement.

Cependant, ces avantages n'ont pas été répartis de manière équitable et certaines régions ont été plus touchées que d'autres par les pertes d'emplois liées à la mondialisation de l'industrie automobile. Les gouvernements et les entreprises doivent donc travailler ensemble pour atténuer les effets négatifs de la mondialisation sur les travailleurs et les communautés locales, tout en tirant parti des avantages qu'elle peut offrir.

4. Les enjeux environnementaux de la mondialisation

Les enjeux environnementaux liés à la mondialisation de l'industrie automobile sont nombreux et de plus en plus importants. En effet, l'augmentation de la production et de la consommation de voitures à travers le monde a un impact direct sur l'environnement, que ce soit en termes de consommation d'énergie, d'émissions de gaz à effet de serre ou de pollution atmosphérique.

La production de voitures est particulièrement énergivore, car elle nécessite l'utilisation de matières premières, de combustibles fossiles et d'électricité pour alimenter les chaînes de production. Par ailleurs, les émissions de gaz à effet de serre liées à la production et à l'utilisation des voitures ont des répercussions sur le climat mondial, en contribuant à l'augmentation de la température globale et aux changements climatiques.

En outre, les voitures ont un impact direct sur la qualité de l'air, en émettant des polluants atmosphériques tels que les particules fines, le dioxyde d'azote et le monoxyde de carbone. Ces polluants ont des effets néfastes sur la santé humaine, en particulier sur les personnes souffrant de maladies respiratoires ou cardiovasculaires.

Face à ces enjeux environnementaux, les constructeurs automobiles ont pris des initiatives pour réduire leur empreinte écologique. Ils ont notamment développé des technologies de réduction des émissions de gaz à effet de serre, comme les moteurs hybrides et électriques, ainsi que des matériaux de construction plus légers et plus durables. Par ailleurs, les gouvernements ont mis en place des réglementations plus strictes en matière d'émissions polluantes, ce qui a incité les constructeurs à investir dans des technologies plus propres.

Cependant, la mondialisation de l'industrie automobile a également entraîné des problèmes environnementaux liés à l'extraction des matières premières nécessaires à la production de voitures, notamment le pétrole et les métaux. La production de batteries pour les voitures électriques, par exemple, nécessite des quantités importantes de métaux rares, qui sont extraits dans des conditions souvent peu respectueuses de l'environnement.

En somme, la mondialisation de l'industrie automobile a un impact considérable sur l'environnement, en contribuant à l'augmentation des émissions de gaz à effet de serre et à la pollution atmosphérique. Les constructeurs automobiles et les gouvernements doivent continuer à prendre des mesures pour réduire l'impact environnemental de l'industrie automobile, en investissant dans des technologies plus propres et en réglementant plus strictement les émissions polluantes.

5. Les défis futurs pour l'industrie automobile mondiale

L'industrie automobile mondiale est confrontée à plusieurs défis futurs importants, liés à la fois aux tendances économiques, environnementales et technologiques.

Tout d'abord, les constructeurs automobiles sont confrontés à des défis de réglementation environnementale croissants. Les émissions de gaz à effet de serre sont désormais un sujet de préoccupation majeur pour les gouvernements du monde entier, et les réglementations visant à réduire les émissions de dioxyde de carbone des véhicules ont été adoptées dans de nombreux pays. Les constructeurs automobiles doivent s'adapter à ces nouvelles réglementations en développant des technologies de propulsion alternatives et en investissant dans la production de véhicules plus économes en carburant.

Un autre défi pour l'industrie automobile est lié à l'évolution des habitudes de consommation. Les voitures électriques et les véhicules autonomes sont en train de changer la façon dont les gens utilisent les voitures et remettent en question le modèle économique de l'industrie automobile traditionnelle. Les constructeurs automobiles doivent s'adapter à ces changements en développant de nouvelles technologies et en créant des modèles commerciaux innovants.

Enfin, les constructeurs automobiles doivent faire face à des pressions économiques croissantes, notamment la concurrence accrue des nouveaux entrants sur le marché. Les entreprises technologiques telles que Tesla, Google et Apple investissent dans le développement de technologies automobiles innovantes, ce qui remet en question la domination des constructeurs traditionnels.

L'industrie automobile mondiale est confrontée à des défis majeurs, tels que la réglementation environnementale croissante, l'évolution des habitudes de consommation et la concurrence croissante des nouveaux entrants sur le marché. Les constructeurs automobiles doivent s'adapter à ces tendances en développant des technologies de propulsion alternatives, en créant des modèles commerciaux innovants et en restant à la pointe de la recherche et du développement.

En plus des défis environnementaux et de l'évolution des tendances de consommation, l'industrie automobile doit faire face à d'autres défis pour rester compétitive sur le marché mondial.

Tout d'abord, l'industrie doit relever le défi de la numérisation. Les voitures modernes sont de plus en plus connectées et équipées de capteurs et de systèmes d'assistance à la conduite. Les constructeurs automobiles doivent donc investir dans la recherche et le développement de technologies avancées pour rester à la pointe de l'innovation.

Ensuite, l'industrie doit faire face à la concurrence croissante de nouveaux acteurs, tels que les entreprises technologiques. Des entreprises comme Google et Apple travaillent sur des projets de voitures autonomes, ce qui pourrait bouleverser l'industrie automobile telle que nous la connaissons aujourd'hui.

Enfin, l'industrie doit faire face à des pressions réglementaires croissantes, en particulier en ce qui concerne les émissions de gaz à effet de serre. Les gouvernements du monde entier adoptent des réglementations plus strictes pour réduire les émissions de dioxyde de carbone des véhicules, ce qui oblige les constructeurs à investir davantage dans des technologies plus propres et plus efficaces sur le plan énergétique.

L'industrie automobile est confrontée à une série de défis complexes et en constante évolution, allant de la mondialisation à la numérisation en passant par l'innovation technologique et la pression réglementaire. Les constructeurs automobiles doivent être capables de s'adapter rapidement aux changements de l'industrie pour rester compétitifs sur le marché mondial.

Chapitre 4 : Les tendances de consommation automobile

Dans ce chapitre, nous allons examiner les tendances de consommation automobile. Nous allons nous intéresser aux changements dans les préférences des consommateurs, aux tendances du marché et aux innovations technologiques.

1. Les changements dans les préférences des consommateurs

Les préférences des consommateurs en matière d'automobiles ont évolué au fil des ans et continuent de le faire. De nos jours, de plus en plus de consommateurs recherchent des véhicules plus respectueux de l'environnement et plus économes en carburant. Les voitures hybrides et électriques ont connu une croissance exponentielle au cours des dernières années, et cette tendance devrait se poursuivre à l'avenir.

En outre, les consommateurs sont de plus en plus conscients des problèmes de sécurité routière et de la nécessité de disposer de technologies de sécurité avancées, telles que les systèmes de freinage automatique, les caméras de recul, les capteurs de stationnement et les avertisseurs de changement de voie.

Les préférences en matière de style et de design sont également en constante évolution, avec une demande croissante pour des voitures plus élégantes et plus sportives, ainsi que pour des couleurs plus vives et des finitions plus personnalisées.

Les constructeurs automobiles devront donc s'adapter à ces changements en offrant des options plus respectueuses de l'environnement, des technologies de sécurité avancées et des designs plus innovants pour répondre aux attentes des consommateurs et maintenir leur position sur le marché.

Les consommateurs ont des préférences changeantes pour les voitures, ce qui peut être difficile pour les constructeurs automobiles. Les véhicules électriques gagnent en popularité, en partie grâce à une prise de conscience accrue de la nécessité de réduire les émissions de gaz à effet de serre. De plus, les consommateurs attachent de plus en plus d'importance à la sécurité, à la connectivité et à l'efficacité énergétique de leur voiture.

Les constructeurs automobiles doivent donc rester à l'écoute des préférences changeantes des consommateurs et s'adapter en conséquence. Ils doivent également être en mesure de produire des véhicules plus respectueux de l'environnement tout en maintenant des niveaux élevés de qualité, de sécurité et de fiabilité. Cela nécessite des investissements importants dans la recherche et le développement de nouvelles technologies et de nouveaux matériaux.

De plus, les constructeurs automobiles doivent être conscients des différences culturelles et des préférences des consommateurs dans différents pays et régions du monde. Les consommateurs asiatiques, par exemple, ont tendance à préférer des véhicules plus petits et plus économes en carburant que les consommateurs américains ou européens.

Enfin, la montée en puissance de la mobilité partagée et des services de transport à la demande, tels que Uber et Lyft, pourrait également changer la manière dont les consommateurs interagissent avec les voitures. Les constructeurs automobiles doivent être prêts à s'adapter à ces nouveaux modèles d'affaires et à collaborer avec les prestataires de services de mobilité pour offrir des solutions de transport durables et rentables.

2. Les tendances du marché

Les tendances du marché automobile évoluent continuellement. Certaines tendances actuelles comprennent :

- La demande croissante de voitures électriques : Les consommateurs sont de plus en plus préoccupés par les questions environnementales et cherchent des alternatives plus durables aux véhicules à essence. La popularité croissante des voitures électriques reflète cette tendance. Les constructeurs automobiles ont donc commencé à investir massivement dans la production de voitures électriques et à développer de nouvelles technologies pour répondre à cette demande.

- La demande de voitures autonomes : Les voitures autonomes sont une autre tendance qui gagne en popularité. Les consommateurs recherchent des voitures qui peuvent offrir une expérience de conduite plus sûre et plus confortable. Les constructeurs automobiles investissent également massivement dans la recherche et le développement de la technologie des voitures autonomes.

- La location plutôt que l'achat : Les consommateurs sont de plus en plus intéressés par la location de voitures plutôt que par l'achat. La location permet aux consommateurs de conduire différents types de voitures sans avoir à les posséder. Cela permet également aux consommateurs de changer de voiture plus souvent, ce qui peut être particulièrement intéressant pour les personnes qui souhaitent toujours avoir accès aux dernières technologies automobiles.

- Les services de mobilité partagée : Les services de mobilité partagée sont de plus en plus populaires, en particulier dans les zones urbaines. Les consommateurs sont à la recherche de solutions de transport plus durables et plus économiques que les voitures traditionnelles. Les services de mobilité partagée tels que les voitures et les scooters partagés, les taxis, les navettes et les bus sont de plus en plus populaires.

- La numérisation de l'expérience de conduite : Les consommateurs sont de plus en plus connectés et cherchent des voitures qui offrent une expérience de conduite numérisée. Les voitures connectées et les applications de voiture sont de plus en plus courantes, offrant aux consommateurs la possibilité de contrôler leur voiture à distance, d'obtenir des informations en temps réel sur leur véhicule et de se connecter à d'autres services.

Ces tendances reflètent la manière dont les préférences des consommateurs et les avancées technologiques influencent l'industrie automobile. Les constructeurs automobiles doivent être conscients de ces tendances et se préparer à y répondre afin de rester compétitifs sur le marché.

Les tendances du marché automobile sont également un défi pour l'industrie. Les constructeurs automobiles doivent continuer à s'adapter aux changements dans les préférences des consommateurs, tout en répondant aux réglementations environnementales de plus en plus strictes dans de nombreux pays. Les tendances du marché incluent notamment :

- Les voitures électriques et hybrides : avec la prise de conscience de l'impact environnemental de l'automobile, de plus en plus de consommateurs se tournent vers des voitures plus écologiques, telles que les voitures électriques et hybrides. Les constructeurs automobiles doivent donc investir dans la recherche et le développement de technologies de propulsion alternatives pour répondre à cette demande croissante.

- La connectivité : les consommateurs sont de plus en plus intéressés par la connectivité et les fonctionnalités technologiques dans leur voiture, telles que les systèmes de navigation, les applications de divertissement et la connectivité Internet. Les constructeurs automobiles doivent donc développer des systèmes d'info-divertissement innovants et fiables pour répondre à cette demande.

- Les services de mobilité : avec la popularité croissante de la location de voitures, des services de covoiturage et des véhicules autonomes, les constructeurs automobiles doivent également s'adapter à cette tendance et offrir des services de mobilité à valeur ajoutée à leurs clients.

- Les voitures autonomes : les voitures autonomes représentent un autre défi pour l'industrie automobile, car elles nécessitent une technologie de pointe et des réglementations strictes pour garantir la sécurité et la fiabilité. Les constructeurs automobiles doivent donc investir dans la recherche et le développement de ces technologies et travailler en étroite collaboration avec les autorités réglementaires pour garantir leur sécurité.

- Les besoins de personnalisation : les consommateurs sont de plus en plus intéressés par la personnalisation de leur voiture, avec des options de couleurs, de finitions et de fonctionnalités uniques. Les constructeurs automobiles doivent donc être en mesure de proposer des options de personnalisation pour répondre à cette demande croissante.

En somme, l'industrie automobile est confrontée à des défis majeurs en raison des changements dans les préférences des consommateurs, des tendances du marché et de l'évolution des réglementations environnementales. Les constructeurs automobiles doivent être en mesure de s'adapter à ces changements et d'innover pour rester compétitifs sur le marché mondial.

3. Les innovations technologiques

Les innovations technologiques sont également un défi majeur pour l'industrie automobile mondiale. Les consommateurs sont de plus en plus conscients des problèmes environnementaux, ce qui a stimulé l'intérêt pour les voitures électriques et les véhicules à faible émission. Les constructeurs automobiles doivent également faire face à des avancées technologiques rapides, notamment en matière de conduite autonome, de connectivité et de services de mobilité.

La course à la conduite autonome est un exemple clé de cette tendance, avec de nombreuses entreprises technologiques et constructeurs automobiles travaillant sur des technologies avancées pour offrir des véhicules de conduite autonome. Ces technologies pourraient potentiellement révolutionner la façon dont les voitures sont conduites, mais elles soulèvent également des questions de sécurité, de responsabilité et de réglementation.

En outre, les voitures connectées et les services de mobilité (comme les applications de covoiturage et les services de partage de voitures) changent la façon dont les consommateurs utilisent et possèdent des voitures. Cela crée des opportunités pour les constructeurs automobiles de développer de nouveaux produits et services, mais cela peut également entraîner une fragmentation du marché et une concurrence accrue.

Les constructeurs automobiles doivent rester à la pointe des avancées technologiques pour rester compétitifs et répondre aux besoins des consommateurs, tout en naviguant dans un environnement réglementaire en constante évolution et en gérant les risques potentiels associés à l'innovation technologique.

Les innovations technologiques sont un autre défi majeur pour l'industrie automobile. Les consommateurs attendent des voitures plus intelligentes, plus sûres et plus respectueuses de l'environnement. Cela nécessite des investissements considérables en recherche et développement pour les constructeurs automobiles.

Les voitures électriques sont un exemple d'innovation technologique majeure qui est actuellement en train de changer l'industrie automobile. Les gouvernements du monde entier encouragent l'adoption de voitures électriques pour réduire les émissions de gaz à effet de serre et les problèmes de qualité de l'air. Cela a entraîné une augmentation de la demande de voitures électriques et une concurrence accrue entre les constructeurs automobiles pour produire des voitures électriques plus efficaces et abordables.

Les voitures autonomes sont une autre innovation technologique qui transformera l'industrie automobile. Les voitures autonomes sont équipées de capteurs et de logiciels qui leur permettent de conduire sans intervention humaine. Cette technologie peut améliorer la sécurité routière en réduisant les accidents causés par l'erreur humaine, mais elle peut également avoir des implications pour l'emploi des chauffeurs.

En plus des voitures électriques et autonomes, d'autres innovations technologiques sont également en train de changer l'industrie automobile. Les constructeurs automobiles investissent dans des technologies telles que la connectivité des véhicules, les systèmes de conduite assistée, la gestion des données des véhicules et les services de mobilité pour répondre aux besoins des consommateurs.

Cependant, ces innovations technologiques nécessitent des investissements considérables et présentent des défis uniques pour les constructeurs automobiles. Les voitures électriques, par exemple, nécessitent des batteries coûteuses et une infrastructure de recharge fiable pour répondre aux besoins des consommateurs. Les voitures autonomes présentent également des défis techniques et réglementaires qui doivent être surmontés avant qu'elles ne deviennent largement disponibles.

En fin de compte, les constructeurs automobiles doivent investir dans l'innovation technologique pour rester compétitifs sur le marché mondial, mais cela nécessite des investissements considérables en R&D et des risques financiers importants. Les gouvernements peuvent aider en fournissant des incitations fiscales et en soutenant la recherche et le développement, mais les constructeurs automobiles doivent également s'engager à investir dans l'innovation pour rester pertinents dans un marché automobile en constante évolution.

D'autres innovations technologiques, telles que la voiture autonome et les systèmes de connectivité avancés, ont également le potentiel de remodeler considérablement l'industrie automobile. Les voitures autonomes pourraient éliminer les accidents causés par des erreurs humaines, réduire la congestion routière et améliorer la mobilité pour les personnes qui ne peuvent pas conduire, telles que les personnes âgées ou les personnes handicapées. Les systèmes de connectivité avancés, tels que l'Internet des objets (IoT), peuvent permettre aux voitures de communiquer entre elles, de se connecter à l'infrastructure routière et de collecter des données en temps réel pour améliorer la sécurité et l'efficacité du trafic.

Cependant, ces innovations technologiques présentent également des défis. La voiture autonome soulève des questions de responsabilité en cas d'accident, de confidentialité des données et de réglementation. Les systèmes de connectivité avancés peuvent être vulnérables aux cyberattaques et à la violation de la vie privée. En outre, ces technologies sont coûteuses à développer et à mettre en œuvre, ce qui peut limiter leur adoption par les constructeurs automobiles et les consommateurs.

En résumé, les innovations technologiques continueront de remodeler l'industrie automobile dans les années à venir, mais elles soulèvent également des défis importants en matière de sécurité, de confidentialité des données et de réglementation. Les constructeurs automobiles devront être prêts à investir dans la recherche et le développement de ces technologies, tout en garantissant la sécurité et la protection de la vie privée des consommateurs. Les gouvernements et les régulateurs devront également jouer un rôle important dans l'établissement de normes et de règlements pour garantir que ces innovations sont utilisées de manière responsable et sûre.

4. Les défis pour l'industrie automobile

L'industrie automobile fait face à de nombreux défis futurs, notamment :

1. La concurrence accrue : l'industrie automobile est de plus en plus concurrentielle, avec de nouveaux acteurs entrant sur le marché, tels que les constructeurs de voitures électriques, les entreprises de technologies automobiles, et les constructeurs automobiles émergents des pays en développement.

2. La réglementation environnementale : la réglementation environnementale se durcit dans le monde entier, avec des exigences de plus en plus strictes en matière d'émissions de gaz à effet de serre et de sécurité routière. Les constructeurs automobiles doivent continuer à innover pour répondre à ces exigences, ce qui peut être coûteux.

3. Les coûts élevés : l'industrie automobile est une industrie très coûteuse, en particulier en ce qui concerne la recherche et le développement, la production et la commercialisation. Les coûts élevés peuvent être difficiles à supporter pour les constructeurs automobiles, en particulier ceux qui sont moins bien établis ou qui ont une faible part de marché.

4. La volatilité des prix des matières premières : les prix des matières premières utilisées dans la fabrication de voitures, tels que l'acier, le cuivre et le caoutchouc, sont souvent volatils et peuvent avoir un impact significatif sur les marges bénéficiaires des constructeurs automobiles.

5. Les défis liés à la sécurité et à la conduite autonome : les technologies de conduite autonome sont en constante évolution, mais elles posent également des défis importants en matière de sécurité et de réglementation. Les constructeurs automobiles doivent continuer à travailler sur la sécurité des véhicules, tout en développant de nouvelles technologies pour répondre aux besoins des consommateurs.

6. La transformation numérique : l'industrie automobile doit s'adapter à la transformation numérique, en tirant parti des technologies numériques telles que l'intelligence artificielle, l'Internet des objets et les

technologies de cloud computing pour améliorer la productivité et l'efficacité.

Dans l'ensemble, l'industrie automobile est confrontée à de nombreux défis futurs, mais elle a également de nombreuses opportunités pour innover et s'adapter aux changements. Les constructeurs automobiles qui réussissent seront ceux qui peuvent répondre aux demandes des consommateurs, tout en s'adaptant aux réglementations et en utilisant les dernières technologies pour améliorer leur efficacité et leur productivité.

Chapitre 5 : Les défis de l'industrie automobile

L'industrie automobile est confrontée à plusieurs défis qui ont un impact sur sa croissance et son avenir. Dans ce chapitre, nous allons examiner certains des défis les plus importants auxquels l'industrie automobile est confrontée.

1. La concurrence mondiale

La concurrence mondiale représente un défi majeur pour l'industrie automobile. Les constructeurs automobiles doivent être capables de concevoir et de produire des voitures qui répondent aux besoins des consommateurs, tout en étant compétitifs sur le marché mondial. Les constructeurs automobiles japonais et coréens ont connu une croissance rapide dans les années 1980 et 1990, tandis que les constructeurs automobiles européens et américains ont dû faire face à une concurrence accrue.

La montée en puissance de la Chine en tant que marché et producteur de voitures représente également un défi pour les constructeurs automobiles du monde entier. Les constructeurs automobiles chinois ont connu une croissance rapide ces dernières années et sont maintenant en mesure de concurrencer les marques établies sur le marché mondial. De plus, les constructeurs automobiles chinois bénéficient souvent de coûts de production plus bas, ce qui leur permet de proposer des prix plus attractifs que leurs concurrents.

Pour faire face à cette concurrence, les constructeurs automobiles du monde entier doivent être capables d'innover en permanence et de proposer des voitures de qualité supérieure à des prix compétitifs. Ils doivent également être capables de s'adapter rapidement aux changements de la demande et aux tendances du marché, tout en gérant les coûts de production et en maintenant des marges bénéficiaires suffisantes.

En outre, les gouvernements jouent un rôle important dans la concurrence mondiale en imposant des barrières tarifaires et non tarifaires, des normes environnementales et de sécurité et des réglementations commerciales. Les constructeurs automobiles doivent être en mesure de s'adapter aux différents règlements en vigueur dans chaque pays où ils vendent leurs voitures, ce qui peut augmenter les coûts et rendre plus difficile la compétitivité sur le marché mondial.

2. Les réglementations environnementales

Les réglementations environnementales constituent un autre défi important pour l'industrie automobile. Les gouvernements à travers le monde ont adopté des normes plus strictes pour réduire les émissions de gaz à effet de serre et améliorer l'efficacité énergétique des véhicules. Ces normes ont un impact direct sur les constructeurs automobiles, qui doivent investir dans des technologies plus propres pour répondre à ces exigences.

Par exemple, l'Union européenne a fixé des objectifs ambitieux pour réduire les émissions de CO_2 des voitures neuves vendues dans l'UE. En 2021, les constructeurs automobiles doivent atteindre une moyenne de 95 g/km de CO_2 pour leur flotte de voitures. Les normes vont devenir de plus en plus strictes au cours des prochaines années, avec un objectif de 60 g/km de CO_2 d'ici 2030. Ces objectifs sont particulièrement ambitieux pour les constructeurs automobiles qui produisent principalement des voitures de grande taille et de haute performance.

De même, de nombreux pays ont adopté des normes d'émissions plus strictes pour les véhicules diesel en réponse aux préoccupations croissantes en matière de qualité de l'air. Certains pays, comme la Norvège, ont même fixé des objectifs pour bannir complètement les voitures à combustion interne d'ici 2025.

Les réglementations environnementales peuvent être coûteuses pour les constructeurs automobiles, mais elles offrent également des opportunités. Les constructeurs automobiles qui investissent dans des technologies propres peuvent se différencier de leurs concurrents et répondre aux préférences croissantes des consommateurs pour des voitures plus respectueuses de l'environnement. Les constructeurs qui ne parviennent pas à répondre à ces réglementations risquent de voir leurs ventes diminuer, tandis que ceux qui investissent dans des technologies plus propres peuvent avoir un avantage concurrentiel.

Les réglementations environnementales représentent un défi majeur pour l'industrie automobile, car les émissions de gaz à effet de serre des véhicules ont un impact significatif sur le changement climatique. Les gouvernements du monde entier ont donc mis en place des normes de plus en plus strictes pour réduire les émissions de CO_2 et encourager la production de véhicules électriques ou hybrides.

Ces réglementations peuvent avoir un impact sur les coûts de production des constructeurs automobiles, qui doivent investir dans de nouvelles technologies pour se conformer aux normes environnementales. Les coûts de recherche et développement pour des technologies telles que les batteries électriques et les piles à combustible peuvent être considérables, ce qui peut affecter la rentabilité des constructeurs automobiles.

Cependant, les réglementations environnementales peuvent également stimuler l'innovation et encourager les constructeurs automobiles à produire des véhicules plus respectueux de l'environnement. De plus, les consommateurs sont de plus en plus conscients de l'impact environnemental de leurs choix de véhicules, ce qui peut encourager les constructeurs automobiles à développer des modèles plus respectueux de l'environnement pour répondre à la demande du marché.

En fin de compte, les réglementations environnementales sont une force motrice pour l'innovation dans l'industrie automobile et peuvent aider à réduire l'impact environnemental des véhicules, mais elles peuvent également représenter un défi pour les constructeurs automobiles qui doivent se conformer à ces normes.

3. La pénurie de puces électroniques

La pénurie de puces électroniques est un défi majeur pour l'industrie automobile. Les puces électroniques sont utilisées dans de nombreux composants de voitures modernes, notamment les systèmes de contrôle moteur, les systèmes de navigation et de divertissement, et les systèmes de sécurité avancés. Cependant, la pandémie de COVID-19 a entraîné une augmentation de la demande de produits électroniques, notamment d'ordinateurs portables et de consoles de jeux, ce qui a conduit à une pénurie de puces électroniques dans le monde entier.

Cette pénurie a eu des répercussions importantes sur l'industrie automobile, entraînant des retards dans la production de voitures et des fermetures temporaires d'usines. Les constructeurs automobiles ont dû revoir leurs plans de production et réduire la production de certains modèles pour faire face à la pénurie de puces électroniques. Certains constructeurs ont également dû faire face à des coûts plus élevés pour s'approvisionner en puces sur des marchés émergents, ce qui a entraîné une pression sur leurs marges bénéficiaires.

Les experts estiment que la pénurie de puces électroniques devrait se poursuivre au moins jusqu'en 2022. Les constructeurs automobiles cherchent à diversifier leurs sources d'approvisionnement et à investir dans la production locale de puces électroniques pour réduire leur dépendance à l'égard de fournisseurs étrangers. Cependant, cela peut prendre du temps, car la production de puces électroniques est un processus complexe qui nécessite des investissements importants en termes de technologie et d'infrastructures.

La pandémie de COVID-19 a également exacerbé le problème de la pénurie de puces électroniques. En 2020, de nombreux fabricants ont réduit leur production de puces en prévision d'une baisse de la demande due à la pandémie. Cependant, la demande a en fait augmenté à mesure que de plus en plus de personnes travaillaient à distance et utilisaient des appareils électroniques pour rester en contact avec leurs amis et leur famille. Cela a créé une pénurie de puces électroniques qui a affecté de nombreuses industries, y compris l'industrie automobile.

Les puces électroniques sont utilisées dans une grande variété de composants automobiles, notamment les systèmes de navigation, les écrans de tableau de bord, les caméras de recul, les capteurs de stationnement, les systèmes d'assistance à la conduite et les systèmes de divertissement. La pénurie de puces électroniques a donc entraîné des retards dans la production de véhicules, ce qui a conduit certains constructeurs automobiles à suspendre temporairement leur production ou à réduire leurs prévisions de ventes. Certains constructeurs automobiles ont également été contraints de fermer temporairement des usines en raison de la pénurie de puces.

La pénurie de puces électroniques est un problème mondial qui est susceptible de durer plusieurs mois encore. Les fabricants de puces électroniques ont déclaré qu'ils augmentaient leur production pour répondre à la demande, mais que cela prendrait du temps en raison de la complexité de la production de puces électroniques. En attendant, les constructeurs automobiles doivent faire preuve de flexibilité et d'innovation pour s'adapter à la pénurie de puces et continuer à produire des voitures de qualité pour les consommateurs.

Actuellement, la pénurie de puces électroniques est un défi majeur pour l'industrie automobile, car les puces sont devenues un composant crucial des voitures modernes. Cette pénurie est due à une augmentation de la demande de puces électroniques dans divers secteurs, notamment l'industrie des smartphones et des ordinateurs, ainsi qu'à une diminution de la production due à la pandémie de COVID-19.

Les constructeurs automobiles du monde entier ont été contraints de réduire leur production de véhicules en raison de cette pénurie de puces électroniques, qui a entraîné des retards dans la livraison des voitures commandées. Les constructeurs ont également été confrontés à des coûts plus élevés pour l'achat de puces sur le marché, ce qui a eu un impact négatif sur leurs marges bénéficiaires.

Pour faire face à cette situation, les constructeurs automobiles ont cherché à diversifier leurs sources d'approvisionnement en puces électroniques et à investir dans la production de puces électroniques. Certains ont également réduit leur production de véhicules pour éviter des pertes financières importantes.

La pénurie de puces électroniques souligne l'importance de la gestion des chaînes d'approvisionnement dans l'industrie automobile et la nécessité d'une planification à long terme pour éviter les perturbations. Cela pourrait entraîner une refonte des chaînes d'approvisionnement de l'industrie automobile, avec une plus grande intégration verticale et une augmentation des capacités de production de puces électroniques dans le monde entier.

4. La transition vers les voitures électriques et autonomes

La transition vers les voitures électriques et autonomes est l'un des défis les plus importants de l'industrie automobile dans les années à venir. Alors que de plus en plus de gouvernements adoptent des politiques visant à réduire les émissions de carbone, les constructeurs automobiles cherchent à développer des voitures électriques et à améliorer leur autonomie.

Cependant, la transition vers les voitures électriques pose des défis en termes de coûts et d'infrastructure de recharge. Les voitures électriques sont encore plus chères que les voitures à essence, et les consommateurs hésitent à acheter des voitures électriques en raison de l'incertitude quant à l'infrastructure de recharge. Pour surmonter ces obstacles, les constructeurs automobiles doivent travailler avec les gouvernements et les entreprises pour investir dans des infrastructures de recharge et des technologies de batterie plus avancées, tout en continuant à réduire les coûts des voitures électriques.

La transition vers les voitures autonomes est également en cours, bien que plus lentement que la transition vers les voitures électriques. Les voitures autonomes pourraient réduire considérablement les accidents de la route et rendre la conduite plus efficace, mais elles nécessitent des investissements considérables en matière de technologie et de réglementation pour devenir une réalité. En outre, il y a des défis en termes de sécurité, de responsabilité et d'acceptation sociale que les constructeurs automobiles doivent surmonter.

En conclusion, l'industrie automobile est en constante évolution pour répondre aux besoins et aux demandes changeants des consommateurs, ainsi qu'aux pressions environnementales et réglementaires. La concurrence mondiale, les réglementations environnementales, la pénurie de puces électroniques et la transition vers les voitures électriques et autonomes sont des défis majeurs auxquels l'industrie automobile est confrontée. Cependant, l'industrie automobile a une longue histoire d'adaptation et de résilience, et elle continuera à évoluer pour répondre aux défis futurs.

5. La pression des coûts

La pression des coûts est un défi permanent pour l'industrie automobile. Les constructeurs doivent investir dans des technologies de pointe tout en maintenant des prix compétitifs pour répondre à la demande des consommateurs. Cela peut entraîner des compromis sur la qualité et la durabilité des véhicules.

En résumé, l'industrie automobile est confrontée à des défis importants qui doivent être surmontés pour garantir sa croissance et son succès à long terme. Les constructeurs automobiles doivent être en mesure de rivaliser avec les constructeurs étrangers, de s'adapter aux réglementations environnementales et de la transition vers les voitures électriques et autonomes, tout en gérant la pression des coûts.

Chapitre 6 : Les perspectives d'avenir de l'industrie automobile

Dans ce chapitre, nous allons explorer les perspectives d'avenir de l'industrie automobile, en mettant l'accent sur les évolutions attendues dans les prochaines années.

1. Les voitures électriques et hybrides

Les voitures électriques et hybrides ont gagné en popularité ces dernières années en raison de leur faible émission de gaz à effet de serre et de leur efficacité énergétique supérieure à celle des moteurs à combustion. De nombreux constructeurs automobiles ont investi massivement dans le développement de modèles de voitures électriques et hybrides pour répondre à la demande croissante de véhicules plus respectueux de l'environnement. Les gouvernements ont également encouragé la transition vers les voitures électriques et hybrides en offrant des incitations financières et en mettant en place des politiques pour réduire les émissions de gaz à effet de serre.

Cependant, la production de batteries pour les voitures électriques et hybrides est énergivore et peut entraîner une augmentation de la demande de métaux rares, ce qui soulève des préoccupations environnementales et sociales. De plus, la durée de vie des batteries est limitée, ce qui peut entraîner des problèmes de recyclage et de gestion des déchets. Les coûts des batteries pour les voitures électriques et hybrides restent également élevés, bien que les prix aient commencé à baisser ces dernières années.

Malgré ces défis, la demande pour les voitures électriques et hybrides devrait continuer à augmenter à mesure que la technologie continue d'évoluer et que les coûts baissent. Les gouvernements et les constructeurs automobiles continueront également à encourager la transition vers ces types de véhicules pour répondre aux exigences en matière d'émissions de gaz à effet de serre et de normes de qualité de l'air de plus en plus strictes.

Les voitures électriques et hybrides devraient devenir de plus en plus courantes sur le marché. Les avancées technologiques ont permis d'améliorer la performance et l'autonomie de ces véhicules, ainsi que de réduire leur coût. De plus en plus de gouvernements imposent des réglementations pour réduire les émissions de gaz à effet de serre, ce qui favorisera la croissance de ce segment de marché.

2. La conduite autonome

Les voitures autonomes sont des véhicules qui peuvent se déplacer sans intervention humaine. Cette technologie a le potentiel de réduire considérablement les accidents de la route, d'améliorer la circulation et de réduire les temps de trajet. Les voitures autonomes peuvent également avoir un impact significatif sur les coûts liés à la conduite, tels que les frais de carburant, les coûts de stationnement et les frais d'assurance.

Cependant, les voitures autonomes soulèvent également des préoccupations en matière de sécurité et de responsabilité, notamment en cas d'accident. Les constructeurs automobiles et les gouvernements doivent élaborer des normes de sécurité strictes pour garantir que ces véhicules sont fiables et sécuritaires. Les défis techniques tels que la cartographie précise et la communication entre les véhicules doivent également être résolus.

Malgré ces défis, la technologie des voitures autonomes continue d'évoluer rapidement. Les constructeurs automobiles et les entreprises technologiques investissent massivement dans la recherche et le développement de cette technologie, et les premières voitures autonomes sont déjà en cours de test dans plusieurs pays. Les voitures autonomes devraient avoir un impact significatif sur l'industrie automobile dans les années à venir, en particulier dans les secteurs du transport de marchandises et des taxis autonomes.

3. La connectivité et l'intelligence artificielle

La connectivité et l'intelligence artificielle sont des technologies clés dans l'industrie automobile moderne. Les voitures connectées offrent des fonctionnalités telles que la navigation en temps réel, l'info-divertissement, la surveillance des performances, la sécurité et la maintenance à distance, ce qui améliore l'expérience de conduite pour les consommateurs.

L'intelligence artificielle est également utilisée pour la conduite autonome, qui est considérée comme l'avenir de l'industrie automobile. Les constructeurs automobiles investissent massivement dans la recherche et le développement de technologies de conduite autonome, en partenariat avec des entreprises technologiques de premier plan telles que Google et Tesla.

Cependant, la connectivité et l'intelligence artificielle soulèvent également des préoccupations en matière de confidentialité et de sécurité des données. Les constructeurs automobiles doivent travailler pour garantir la sécurité des données de leurs clients et éviter les cyberattaques.

En fin de compte, la connectivité et l'intelligence artificielle sont des technologies en évolution rapide qui ont le potentiel de transformer l'industrie automobile. Les constructeurs automobiles doivent être conscients des avantages et des risques associés à ces technologies pour offrir des expériences de conduite sûres, agréables et convaincantes pour les consommateurs.

La connectivité et l'intelligence artificielle sont également des innovations technologiques clés dans l'industrie automobile. Les voitures sont de plus en plus connectées et équipées de technologies intelligentes pour améliorer la sécurité, le confort et la commodité. Par exemple, les systèmes de navigation GPS, les systèmes de divertissement à bord, les capteurs de stationnement, les caméras de recul, les systèmes d'assistance à la conduite et de conduite autonome font tous partie de l'écosystème connecté de l'automobile. Les constructeurs automobiles s'efforcent de rendre leurs véhicules plus intelligents et plus connectés pour répondre aux besoins et aux attentes des consommateurs.

Enfin, la transition vers les voitures électriques et autonomes est en train de changer fondamentalement l'industrie automobile. Les voitures électriques sont plus propres et plus efficaces que les voitures à combustion interne, et de nombreux pays ont mis en place des incitations pour encourager leur adoption. Les voitures autonomes sont également en train de révolutionner la manière dont les gens se déplacent, avec la promesse de réduire considérablement les accidents de la route et de rendre les déplacements plus efficaces et plus pratiques.

Cependant, la transition vers les voitures électriques et autonomes présente également des défis, notamment en matière de coûts, de charge et d'infrastructures de recharge, de sécurité et de confidentialité des données, de réglementation et de responsabilité. L'industrie automobile mondiale doit faire face à ces défis tout en continuant à innover et à répondre aux besoins des consommateurs.

En conclusion, l'industrie automobile a connu une évolution rapide au fil des ans, passant de simples véhicules à moteur à des voitures connectées, autonomes et électriques. Alors que les constructeurs automobiles continuent de relever de nouveaux défis et de répondre aux besoins et aux préférences des consommateurs, il est clair que l'industrie automobile continuera de jouer un rôle clé dans l'économie mondiale et dans la vie quotidienne des gens.

4. Les modèles de mobilité partagée

Les modèles de mobilité partagée, tels que le covoiturage et les services de location de voitures, ont également émergé au cours des dernières années. Ces modèles ont le potentiel de réduire les coûts pour les consommateurs tout en réduisant les émissions de gaz à effet de serre. De nombreuses entreprises de mobilité partagée ont vu le jour, offrant des services de location de voitures à court terme, de covoiturage, de vélos et de scooters électriques.

Cependant, ces services peuvent également avoir un impact négatif sur les travailleurs de l'industrie du transport, qui peuvent être affectés par la concurrence de ces services de mobilité partagée. Les réglementations doivent être mises en place pour protéger les travailleurs de l'industrie du transport tout en permettant la croissance de ces nouveaux modèles de mobilité.

En fin de compte, l'industrie automobile a connu une évolution rapide au cours des dernières décennies, alimentée par les progrès technologiques et les changements dans les préférences des consommateurs. Les constructeurs automobiles doivent continuer à s'adapter à ces changements pour rester compétitifs sur le marché mondial, tout en relevant les défis environnementaux et sociaux auxquels l'industrie est confrontée. La transition vers les véhicules électriques et autonomes, la connectivité et l'intelligence artificielle et les modèles de mobilité partagée seront autant de domaines clés à surveiller dans les années à venir.

5. Les défis à venir

L'industrie automobile est confrontée à de nombreux défis à venir, notamment la nécessité de réduire les émissions de gaz à effet de serre, la concurrence mondiale accrue, la pénurie de puces électroniques et la nécessité de s'adapter aux nouvelles technologies telles que les voitures électriques et autonomes.

Pour répondre à ces défis, les constructeurs automobiles devront s'adapter rapidement et investir massivement dans la recherche et le développement de nouvelles technologies. La transition vers les voitures électriques et autonomes est un défi majeur pour l'industrie, car elle nécessite des investissements considérables dans de nouveaux systèmes de propulsion, de nouveaux réseaux de recharge et de nouvelles technologies de conduite autonome.

En outre, les constructeurs automobiles devront également tenir compte des nouvelles tendances en matière de mobilité partagée et de services de transport à la demande, qui pourraient avoir un impact significatif sur les ventes de voitures traditionnelles.

En résumé, l'industrie automobile est confrontée à des défis considérables à l'avenir, mais avec des investissements adéquats dans la recherche et le développement, la collaboration avec les parties prenantes et l'adaptation rapide aux nouvelles technologies, elle peut surmonter ces défis et rester compétitive sur le marché mondial.

Chapitre 7 : L'impact de l'industrie automobile sur l'économie mondiale

Dans ce chapitre, nous allons examiner l'impact de l'industrie automobile sur l'économie mondiale, en mettant l'accent sur les principales contributions de cette industrie à l'économie mondiale.

1. Contribution à la création d'emplois

L'industrie automobile a toujours été un important créateur d'emplois à travers le monde. La production de voitures, camions, autobus et autres véhicules nécessite une main-d'œuvre importante, tant pour la fabrication que pour la maintenance et la réparation. De plus, l'industrie automobile a des retombées importantes sur d'autres secteurs, tels que les services de transport et de logistique, ainsi que sur les industries des matériaux et de l'énergie.

Cependant, la mondialisation et la concurrence accrue ont entraîné des changements dans les emplois liés à l'industrie automobile. De nombreux constructeurs automobiles ont délocalisé leur production dans des pays où les coûts de main-d'œuvre sont moins élevés, entraînant une réduction du nombre d'emplois dans les pays d'origine. Cela a également conduit à une augmentation de l'automatisation de la production, ce qui a également eu un impact sur l'emploi dans le secteur.

Cependant, avec la transition vers les véhicules électriques et autonomes, de nouveaux emplois sont en train d'être créés, notamment dans les domaines de la technologie des batteries, des logiciels et des capteurs. De plus, la maintenance et la réparation des véhicules électriques nécessitent des compétences et des connaissances différentes de celles des véhicules à moteur à combustion interne, ce qui peut créer des opportunités d'emploi pour les travailleurs qualifiés.

Dans l'ensemble, l'industrie automobile continuera probablement à être un important créateur d'emplois dans le monde, mais la nature de ces emplois est susceptible de changer en fonction des tendances technologiques et économiques. Les gouvernements et les entreprises doivent travailler ensemble pour s'adapter à ces changements et soutenir les travailleurs dans leur transition vers de nouveaux emplois et compétences.

2. Contribution à la croissance économique

L'industrie automobile est un contributeur important à la croissance économique mondiale. Elle a un impact significatif sur le PIB et l'emploi dans de nombreux pays. Selon l'Organisation internationale des constructeurs automobiles (OICA), l'industrie automobile mondiale a contribué à hauteur de 3,6 % au PIB mondial en 2020.

Les constructeurs automobiles sont également des exportateurs majeurs dans de nombreux pays. En 2020, les exportations de véhicules de tourisme ont représenté environ 800 milliards de dollars dans le monde, selon l'OICA. Cela montre l'importance de l'industrie automobile dans le commerce international.

L'industrie automobile est également un important moteur de l'innovation technologique. Les investissements massifs dans la recherche et le développement ont entraîné la création de nouvelles technologies et de nouveaux matériaux, améliorant ainsi la performance, l'efficacité et la sécurité des véhicules.

Cependant, l'industrie automobile est confrontée à des défis importants, notamment la concurrence mondiale, les réglementations environnementales, la pénurie de puces électroniques, et la transition vers les voitures électriques et autonomes. Ces défis nécessitent une adaptation rapide et une capacité d'innovation pour maintenir la compétitivité de l'industrie automobile dans les années à venir.

3. Contribution à l'innovation

L'industrie automobile est un moteur de l'innovation technologique. Les constructeurs automobiles cherchent en permanence à améliorer leurs produits et à développer de nouvelles technologies pour répondre aux besoins des consommateurs et aux exigences réglementaires. La transition vers les voitures électriques et autonomes a également stimulé l'innovation, car elle nécessite de nouvelles technologies de batterie, de chargement et de conduite autonome. Les voitures connectées sont un autre domaine où les constructeurs automobiles innovent, en ajoutant des fonctionnalités telles que la navigation GPS, la connectivité Wi-Fi, l'assistance à la conduite et la reconnaissance vocale.

En outre, l'industrie automobile a un effet d'entraînement sur l'innovation dans d'autres industries. Les technologies développées pour les voitures, telles que les systèmes de freinage ABS, les airbags et les pneus à faible résistance au roulement, ont des applications dans d'autres secteurs, tels que l'aérospatiale et la défense. L'innovation dans l'industrie automobile peut donc avoir des retombées positives sur l'ensemble de l'économie.

Cependant, les innovations technologiques ont également des coûts élevés, ce qui peut entraîner des prix de vente plus élevés pour les consommateurs. Les constructeurs automobiles doivent donc trouver un équilibre entre l'innovation et la rentabilité pour rester compétitifs sur le marché.

L'industrie automobile est depuis longtemps un moteur clé de l'innovation technologique, stimulant des avancées dans des domaines tels que l'efficacité énergétique, la sécurité et la connectivité. La transition vers les voitures électriques et autonomes a suscité un regain d'intérêt pour l'innovation, car les constructeurs automobiles cherchent à repenser la façon dont les véhicules sont conçus et fabriqués, ainsi que la façon dont ils sont utilisés et entretenus. Les avancées dans les technologies de batterie, la charge rapide et la conduite autonome sont particulièrement cruciales pour l'avenir de l'industrie automobile.

Les constructeurs automobiles sont également de plus en plus impliqués dans le développement de nouvelles technologies telles que l'intelligence artificielle, l'apprentissage automatique et la vision par ordinateur pour améliorer la sécurité, la fiabilité et l'efficacité des véhicules. Les modèles de mobilité partagée sont également des vecteurs d'innovation, en encourageant de nouvelles formes de collaboration entre les constructeurs automobiles, les fournisseurs de technologie et les entreprises de services de mobilité.

En somme, l'industrie automobile a le potentiel de contribuer à l'innovation technologique de manière significative et continue, en favorisant l'émergence de nouvelles technologies et en repensant la façon dont les véhicules sont conçus, fabriqués, utilisés et entretenus.

4. Contribution à la réduction de la pollution

L'industrie automobile a longtemps été un secteur associé à la pollution et à la dégradation de l'environnement. Cependant, avec l'essor des véhicules électriques et hybrides, l'industrie est en train de changer de visage.

En effet, ces nouveaux types de véhicules ont le potentiel de réduire considérablement les émissions de gaz à effet de serre et de pollution atmosphérique, contribuant ainsi à la protection de l'environnement et à l'amélioration de la qualité de l'air. De plus, de nombreuses entreprises travaillent sur le développement de technologies de batteries plus efficaces et de sources d'énergie renouvelable pour alimenter ces véhicules, ce qui pourrait également contribuer à la réduction de la pollution.

Cependant, il est important de noter que la production et l'élimination des batteries peuvent également avoir un impact environnemental important, notamment en raison de l'utilisation de matériaux rares et de la difficulté à recycler les batteries en fin de vie. Par conséquent, l'industrie doit travailler sur des solutions durables pour la production, l'utilisation et l'élimination des batteries.

En somme, l'industrie automobile a le potentiel de jouer un rôle important dans la réduction de la pollution et de la dégradation de l'environnement, en adoptant des technologies plus propres et durables et en travaillant sur des solutions de production, d'utilisation et d'élimination responsables.

5. Contribution à la croissance des infrastructures

L'industrie automobile a également contribué à la croissance des infrastructures de transport. Les gouvernements ont investi des milliards de dollars dans la construction de routes, de ponts, de tunnels et d'autres infrastructures nécessaires pour répondre à la demande croissante de voitures et de transport.

En conclusion, l'industrie automobile a un impact significatif sur l'économie mondiale. Elle contribue à la création d'emplois, à la croissance économique, à l'innovation, à la réduction de la pollution et à la croissance des infrastructures de transport. Toutefois, l'industrie doit également faire face à des défis, tels que la concurrence accrue, les réglementations environnementales plus strictes et les évolutions des modèles de mobilité. Les constructeurs automobiles qui parviendront à relever ces défis et à s'adapter aux évolutions du marché pourront rester compétitifs sur le marché mondial

Chapitre 8 : Les implications sociales et culturelles de l'automobile

Dans ce chapitre, nous allons explorer les implications sociales et culturelles de l'automobile, en examinant comment cette invention a transformé la société et la culture dans le monde entier.

1. Mobilité accrue

La mobilité accrue est un des avantages majeurs de l'industrie automobile, permettant aux gens de se déplacer facilement d'un endroit à un autre, que ce soit pour le travail, les loisirs ou d'autres activités. Grâce à l'industrie automobile, les distances sont devenues plus courtes et les échanges commerciaux et culturels entre les villes et les pays se sont intensifiés. Cela a également ouvert de nouvelles opportunités pour les entreprises et les particuliers, qui peuvent maintenant atteindre des marchés plus vastes et élargir leurs horizons.

Cependant, la mobilité accrue a également des inconvénients, notamment la congestion routière, les émissions polluantes et le coût élevé des déplacements en voiture. Ces défis doivent être relevés par l'industrie automobile et les gouvernements afin de promouvoir une mobilité plus durable et plus efficace.

2. Changement de la géographie urbaine

L'émergence de nouveaux modèles de mobilité partagée, tels que les services de covoiturage et de location de voitures à la demande, ainsi que les services de livraison de colis, peut également entraîner un changement dans la géographie urbaine.

En effet, avec la disponibilité accrue de ces services, les gens peuvent être moins enclins à posséder leur propre voiture, ce qui peut réduire le besoin de parking et libérer de l'espace dans les zones urbaines. De plus, cela peut encourager les gens à s'installer dans des zones plus densément peuplées et à proximité des transports en commun, ce qui peut contribuer à réduire les émissions de gaz à effet de serre et améliorer la qualité de l'air.

Cependant, cette transition vers une mobilité partagée peut également créer des problèmes de congestion et de sécurité routière, en particulier dans les villes densément peuplées où l'espace de la route est limité. Il est donc important que les gouvernements et les entreprises travaillent ensemble pour planifier et mettre en œuvre des solutions de mobilité partagée durables qui bénéficient à tous les citoyens.

Par exemple, l'infrastructure des villes doit être adaptée pour accueillir des moyens de transport partagés, tels que des pistes cyclables et des stations de recharge pour les voitures électriques. De plus, les véhicules autonomes pourraient aider à réduire la congestion en améliorant la sécurité routière et en optimisant l'utilisation de l'espace de la route.

3. Indépendance et liberté

L'indépendance et la liberté sont également des avantages importants que la voiture offre aux individus. Les voitures permettent aux gens de voyager où ils veulent, quand ils veulent, sans avoir à suivre les horaires des transports en commun. Cela permet une plus grande flexibilité et autonomie, notamment pour les personnes qui vivent en dehors des zones urbaines ou qui ont des emplois qui nécessitent des déplacements réguliers.

Les voitures peuvent également offrir une plus grande indépendance aux personnes âgées ou handicapées, qui peuvent avoir des difficultés à utiliser les transports en commun ou à se déplacer à pied ou à vélo sur de longues distances.

Cependant, il est important de noter que cette liberté individuelle peut également avoir des effets négatifs, notamment en encourageant l'utilisation excessive de la voiture, ce qui peut avoir des conséquences environnementales négatives. Il est donc important de trouver un équilibre entre les avantages de la mobilité personnelle et les coûts sociaux et environnementaux associés à l'utilisation de la voiture.

4. Image et statut social

L'automobile a longtemps été associée à l'idée de liberté, d'aventure et de mobilité, et elle a été utilisée comme symbole de statut social dans de nombreuses cultures. Posséder une voiture coûteuse et haut de gamme a souvent été perçu comme une marque de réussite et de réussite financière. Cependant, cette perception est en train de changer, en particulier dans les villes où les coûts élevés de stationnement et de conduite, ainsi que les préoccupations environnementales, ont contribué à une baisse de la demande de voitures.

De plus en plus de personnes cherchent des moyens de transport alternatifs qui soient plus respectueux de l'environnement, tels que les transports en commun, les vélos ou les services de covoiturage. Les constructeurs automobiles tentent de répondre à cette demande en proposant des véhicules électriques et hybrides plus abordables, ainsi que des services de mobilité partagée, qui permettent aux utilisateurs de louer des voitures pour une courte période plutôt que de les posséder.

En fin de compte, l'image et le statut social associés à la possession d'une voiture peuvent évoluer à mesure que les consommateurs deviennent plus conscients des coûts économiques et environnementaux de la possession d'une voiture, et que de nouvelles options de mobilité émergent. Les constructeurs automobiles devront continuer à s'adapter pour répondre à ces nouvelles tendances et demandes du marché.

5. Impact sur l'environnement

L'impact sur l'environnement est un autre aspect important de la voiture qui a des implications majeures pour l'avenir de l'industrie automobile. Les voitures ont un impact significatif sur l'environnement, principalement en raison des émissions de gaz à effet de serre et de la pollution atmosphérique. Les émissions de gaz à effet de serre provenant des voitures ont contribué de manière significative au changement climatique et à l'augmentation des températures mondiales.

C'est pourquoi les gouvernements du monde entier ont pris des mesures pour encourager l'adoption de voitures plus respectueuses de l'environnement, telles que les voitures électriques et hybrides, et pour réduire les émissions de gaz à effet de serre provenant des véhicules à combustion interne.

Cependant, la fabrication de batteries pour voitures électriques, la production d'électricité nécessaire pour alimenter ces voitures et l'impact environnemental de l'extraction des matières premières nécessaires pour fabriquer ces batteries soulèvent également des préoccupations environnementales.

Dans l'ensemble, l'industrie automobile a un rôle clé à jouer pour réduire son impact environnemental en investissant dans des technologies plus propres et en promouvant des modes de transport durables. Les voitures électriques, les véhicules autonomes et la mobilité partagée peuvent tous contribuer à réduire l'empreinte environnementale de l'industrie automobile, mais il reste encore beaucoup à faire pour atteindre un avenir durable pour cette industrie.

6. Effets sur la culture et la société

Enfin, l'automobile a eu des effets profonds sur la culture et la société. Les voitures ont été représentées dans la littérature, le cinéma, la musique et la publicité, et ont souvent été utilisées pour symboliser des idéaux tels que la liberté, la vitesse et l'aventure. L'automobile a également influencé les modes de vie et la culture populaire, en particulier la culture de la jeunesse.

En conclusion, l'automobile a eu un impact significatif sur la société et la culture à l'échelle mondiale. Elle a offert une mobilité accrue, une nouvelle forme d'indépendance et de liberté, et a transformé la géographie urbaine. Cependant, elle a également eu des effets négatifs sur l'environnement et a contribué à la pollution et au changement climatique. L'impact de l'automobile sur la culture et la société reste un sujet de débat et d'analyse continue, et il est important de continuer à évaluer les implications sociales et culturelles de cette invention transformative.

Chapitre 9 : Conclusion et réflexions finales

Dans ce livre, nous avons exploré l'évolution du marché automobile en France et dans le monde, en examinant les tendances et les défis qui ont marqué cette industrie au fil des ans. Nous avons également examiné les implications sociales et culturelles de l'automobile, en reconnaissant l'impact significatif de cette invention sur la société et la culture.

Nous avons vu que l'automobile a connu une croissance rapide depuis sa création, passant d'un objet de luxe à un moyen de transport essentiel pour de nombreux individus et entreprises. Nous avons également constaté que la mondialisation a eu un impact considérable sur le marché automobile, conduisant à une concurrence accrue et à des changements importants dans la production et la distribution de voitures.

Cependant, nous avons également vu que l'industrie automobile est confrontée à de nombreux défis, notamment les défis environnementaux, les défis liés à la sécurité et les défis liés à l'évolution des modes de transport. Pour surmonter ces défis, les constructeurs automobiles doivent continuer à innover et à développer des technologies plus durables, plus sûres et plus efficaces.

Enfin, nous avons exploré les implications sociales et culturelles de l'automobile, en reconnaissant que cette invention a eu un impact significatif sur la société et la culture. Nous avons vu que l'automobile a offert une mobilité accrue, une nouvelle forme d'indépendance et de liberté, et a transformé la géographie urbaine. Cependant, nous avons également constaté que l'automobile a eu des effets négatifs sur l'environnement et a contribué à la pollution et au changement climatique.

En conclusion, l'industrie automobile continue d'évoluer à un rythme rapide, et il est important de continuer à surveiller et à comprendre ces changements afin de mieux anticiper les défis et les opportunités à venir. Les constructeurs automobiles doivent rester flexibles et innovants pour répondre aux besoins changeants de leurs clients et pour faire face aux défis environnementaux et sociaux de plus en plus pressants. En fin de compte, l'avenir de l'industrie automobile dépendra de la capacité de ses acteurs à anticiper et à s'adapter aux défis à venir

Je vous remercie d'avoir pris le temps de parcourir ce livre sur l'évolution du marché automobile en France et dans le monde. J'espère que vous avez trouvé ces informations intéressantes et utiles pour mieux comprendre les tendances et les enjeux actuels de l'industrie automobile. N'hésitez pas à partager vos réflexions et vos commentaires sur ce sujet passionnant.

L'auteur Alexandre CADART

www.ingramcontent.com/pod-product-compliance
Lightning Source LLC
Chambersburg PA
CBHW030500220526
45464CB00006B/2595